Ein Beitrag

zur

Geschichte der Acetylen-Industrie

nebst Anhang

der Königlich Allerhöchsten Verordnung, die Herstellung,
Aufbewahrung und Verwendung von Acetylengas und
die Lagerung von Karbid betreffend, vom 26. Juni 1901.

Von **C. Kuhn,** Ingenieur.

München und Berlin.
Druck und Verlag von R. Oldenbourg.
1901.

*) Heute, wo wir in unserem engeren Vaterlande **Bayern** das offizielle Wiegenfest der Acetylenindustrie feiern, indem durch die Königl. Allerhöchste Verordnung dem Acetylen durch entsprechende Vorschriften neue Bahnen geebnet und die Industrie von den vielen Pfuschern und den kleinen und grofsen Spänglern endgültig befreit hat, und durch die gerechten, von grofser Sympathie für die gedeihliche Fort-entwicklung des Acetylen getragenen gesetzlichen Bestim-mungen eine neue Ära für die Acetylenindustrie herauf-ziehen wird, ist es die erste Pflicht aller wahren Freunde des prächtigen Acetylenlichtes, einem hohen Ministerium, den einzelnen Ressort-Chefs und allen Personen und Vereinen, welche die Bausteine zum Reformationswerk der Acetylen- und Karbidindustrie sammelten und zusammenfügten, den ehrerbietigsten Dank abzustatten, und unserer Freude da-rüber besonders Ausdruck zu verleihen, dafs Bayern den ersten mutigen Schritt unternommen hat, den verderblichen Nebelschleier zu zerreifsen, welcher sich gefahrdrohend und erstickend über eine junge Industrie gelagert hat, die

---

*) Ich bitte diese Broschüre als Vorwort für mein in nächster Zeit erscheinendes Buch über die Acetylenindustrie auffassen zu wollen.

mehr als alle anderen künstlichen Beleuchtungsarten dazu qualifiziert ist, eine nationalökonomische Aufgabe zu erfüllen, da viele Millionen, welche jährlich den amerikanischen und russischen Petroleumkönigen in die Taschen fallen, im Lande bleiben könnten. Es ist ja eine auf einfacher arithmetischer Berechnung beruhende Thatsache, daſs das deutsche Volk jährlich eine Mehrausgabe von 10 Millionen Mark dem Erdöl-Molloch opfert, wenn der Preis für einen Liter Petroleum auch nur um einen Pfennig in die Höhe getrieben wird.

Keine künstliche Beleuchtungsart ist im stande, dem Petroleumkonsum in wirksamerer Weise entgegenzutreten, als das Acetylen, da dieses mit verhältnismäſsig geringen Anlagekosten an keine weitere Kraft gebunden ist, und die Anlagen in jeder Gröſse, also von einer Flamme an, errichtet werden können, ohne die Rentabilität selbst der kleinsten Anlage in Frage zu ziehen.

Es bedeutet dieser Umstand bezüglich der Expansionsmöglichkeit der Acetylenindustrie die gröſste und ausschlaggebendste Charakteristik gegenüber der Steinkohlengasindustrie und der Elektricität. Zugleich aber ist in der groſsen Billigkeit des Steinkohlengasglühlichts wiederum dem Acetylen bei Erbauung groſser Gascentralen eine Grenze gezogen, da in Städten von über 10 000 Einwohnern der Gaskonsum ein solches Volumen erreicht, daſs auch die Erbauung der weitaus teureren Steinkohlengasfabrik sich unter Beibehaltung der üblichen Gaspreise per m³ rentiert. — Die elektrische Beleuchtung, die im gewissen Sinne heute noch als Luxusbeleuchtung zu betrachten ist, ist ebenfalls nur dann rentabel, wenn entweder geeignete Wasserkräfte vorhanden und der Ausbau dieser Werke nicht Summen erfordert, welche in keinem Verhältnis zum Lichtkonsum stehen, oder die elektrische Centrale so groſs angelegt

werden kann, dafs durch den erhöhten Konsum oder Strom-
verbrauch an Stelle des Wassers zur Speisung der Maschinen
die Steinkohle gesetzt werden kann. — Immerhin kann in
keinem Falle das elektrische Licht mit dem Steinkohlengas
oder dem Acetylen an Billigkeit konkurrieren, und dürfte
in dieser Hinsicht selbst die schon lang erwartete tech-
nische Vollendung der Nernstlampe für die Elektrotechnik
keine wesentliche Verschiebung bedeuten.

Wie aus obigem ersichtlich, existiert daher zwischen
dem Acetylen einerseits und dem Steinkohlengas und der
Elektricität andrerseits im Grunde kein Kampfmoment,
wenn auch kleine Reibungsflächen nicht ganz zu vermeiden
sind. Wenn jede Industrie nur da auftreten möchte, wo
sie praktisch und technisch das volle Recht ihres Daseins
a priori auf ihrer Seite hat, dann würde zwischen dem
Acetylen, der Elektricität und dem Steinkohlengas niemals
jenes Gezänke ausgebrochen sein, welches heute verstummt
ist, da die einzelnen Rufer im Streit des Bruderkampfes
bald müde geworden waren.

Als das Acetylen vor ca. 5 Jahren sich neben seine grofsen
Brüder stellte und sich der Welt als richtiges Fin de
siècle-Kind der Beleuchtungstechnik vorstellte, da verkannte
niemand seine Genialität, aber auch seine Liederlichkeit
und seine Untugenden wurden bekannt, und das Publikum
genierte sich etwas, sich mit dem feurigen Kobold sehen zu
lassen.

Insbesondere warf man ihm vor, dafs er nicht ange-
nehm rieche, dafs man ihn nur äufserst vorsichtig behandeln
könne, wenn nicht seine ungezügelte Kraft Unheil anrich-
ten sollte, und dafs er oft mit seinem eigenen Fuhrwerk
wie der Prophet Elias gegen den Himmel fahre, ohne auf
dazwischen liegendes Gebälk oder gemauerte Gewölbe besondere Rücksicht zu nehmen.

Das Gewitter der öffentlichen Meinung entlud sich über dem in seinen Flegeljahren befindlichen Acetylen, und es wäre diesem Ansturm fast ganz erlegen, wenn nicht eine kleine Schar tüchtiger Techniker das mifshandelte Acetylen unter ihre Fittiche genommen hätte, und wenn nicht die Chemie und Physik ihre von durchschlagendem Erfolg begleiteten Erziehungsmethoden dem Acetylen hätten angedeihen lassen.

Von grofsem historisch-technischen Interesse ist für alle der Acetylenindustrie Nahestehende die Beantwortung der Frage, wie es kommen konnte, dafs das Acetylen sich in den ersten Jahren seiner Ausbreitung so verirren konnte, und insbesondere die Apparatebautechnik sich weder um physikalische noch chemische Gesetze kümmerte, sondern vielmehr die Bahnen einschlug, denen wir die Tauch-, Tropf-, Überschwemmungs- bezw. Ersäufungsapparate und die Irrlehre der automatischen Wasser- oder Karbidzuführung verdanken.

In allererster Linie kommt hierbei der skrupellose Geschäftssinn der meisten Apparatefabrikanten in Betracht, welche als obersten Grundsatz die Herstellung billiger gelöteter, aus schwachen Blechen bestehender Apparate aufstellten. Erzeugt, unterstützt und getrieben wurden diese Fabrikanten durch die verhältnismäfsige Einfachheit, Acetylen herzustellen, durch die Fachlitteratur, die Karbid- und Brennerfabrikanten, ferner durch Verleihung von Medaillen und Auszeichnungen gelegentlich sogenannter Fachausstellungen und durch die ursprüngliche Fassung des Pictetpatents.

Also eine Menge von Faktoren, die bewufst oder unbewufst sich überboten, den Nagel zum Sarge der Acetylenindustrie zu schmieden. Wohl selten haben sich Kurzsichtigkeit, Unverstand, verwerfliche Gewinnsucht und sträflicher Leichtsinn auf einem trostloseren Gefilde getummelt, als dies in den ersten Jahren der Acetylenindustrie der Fall gewesen. — Das düstere Gemälde wurde noch vervollständigt durch die grellen Farben eines unserem germanischen Empfinden unverständlichen Spekulantentums, bei dem jedoch der sonst übliche internationale grofse Zug kaum bemerkt werden konnte.

Mit einer Schnelligkeit von ca. 15 km in der Stunde wurde das Acetylen den weiteren Schichten des Publikums bekannt, denn die Radfahrwelt war es, welche mit ihren Acetylenlampen die Kunde von dem neuen Licht in die entlegensten Orte unseres schönen Vaterlandes trugen, — und die meisten Menschen werden wohl auch noch heute das Acetylen nur in der kleinen, von aufsen ganz verlockend aussehenden Lampe des kilometerfreudigen Radfahrers gesehen haben. — Über die Vorgänge im Innern der Lampe waren sich meist weder die Radfahrer, noch die schlichten Dorfbewohner, oder die durch den grellen Schein ergrimmten Dorfhunde im Klaren. — Die Erwärmung, das Zischen und Rufsen der Flamme und den Geruch nahm man als etwas Selbstverständliches und Unvermeidliches mit in Kauf, und die Flüche der Radfahrer, denen die Lampe ausging, verhallten meist ungehört in stillen Wäldern oder auf einsamen Chausseen.

Nur derjenige, welchem die Lampe explodierte und ihn vom Stahlrofs schleuderte, äufserte sich eingehender über die Verwendung des Acetylen, und je weiter das Ereignis hinter ihm lag, desto farbenprächtiger wurden seine Erzählungen.

Der strategische Aufmarsch des Acetylen wurde also durch die Avantgarde der Fahrradlampen eingeleitet, alsbald folgte der Haupttrupp der transportablen Tischlampen und kleinen Zimmer- oder Hausapparate, wie sie sich behaglich nannten. In unzähligen Exemplaren warfen sie sich auf den Feind, d. h. das Publikum, und zwangen dasselbe, die Position der Sympathie zu verlassen, indem ein wohlgezieltes Feuer kleiner Explosionen Schrecken und Verwirrung in den feindlichen Reihen verursachte.

Als dann das Gros, bestehend aus den Überschwemmungs-, Tauch- und Ersäufungsapparaten, mit seiner blechernen Artillerie in den Kampf eingriff, und die Kanonenschläge kräftiger Explosionen ertönten, da lösten sich die Reihen des Publikums in wilder Flucht auf, und das Schlachtfeld war mit Toten, Verwundeten, verfallenen Wechseln, Prozessen, Konkursen u. s. w. bedeckt. — Mit Recht konnte sich das Acetylen sagen: »Noch ein solcher Sieg und ich bin verloren!«

Zu spät erkannte mancher der geschlagenen Sieger, daß es für ihn besser gewesen wäre, wenn er, anstatt sich auf die Fabrikation von Acetylenapparaten zu werfen, bei seinem früheren Handwerk oder sonstigen ehemaligen Beschäftigung geblieben wäre. Es würde zu weit führen, alle die Leute nach ihren Berufsarten aufzuzählen, welche aus sonst vielleicht ganz harmlosen Bürgern zu Acetylenpionieren sich umhäuteten, noch mühsamer wäre der Versuch, die vielen Erfindungen zu besprechen, diese Hochflut einer ungezügelten Phantasie, diese Orgie der Spänglertechnik, welcher nur die Patentanwälte mit gewinnendem Lächeln zusahen, während sich die Haare der Beamten der Klasse 26b des Kaiserlichen Patentamts in Berlin vor kaltem Entsetzen sträubten.

Wer Gelegenheit hatte, eine oder die andere Acetylenfachausstellung zu besuchen, für den bot sich ein abwechslungsreiches Bild. Dort standen in friedlichem Wettkampf die Ungeheuer, die oft dem aufgeschlitzten Bauch eines Klaviers mehr ähnelten als einer Gasmaschine; tagelang konnte man umherirren, um einen ehrlichen Nietnagel zu entdecken, dagegen schillerte wie die Schlange im Paradies in hundert Variationen die weiche Lötnaht.

Die skrupelloseste Gewinnsucht war es, wie schon erwähnt, vor allem, welche derartige in der Praxis absolut unbrauchbare und gefährliche Apparate entstehen liefs. Denn das Dogma von dem allein einwandfreien Einwurfapparat ohne automatischen Mechanismus war seit dem Jahre 1898 von der Wissenschaft verkündet worden, und konnte jeder Fachmann, wenn er wollte und wenn er ernst und reell seine Kräfte in den Dienst der Acetylenindustrie stellte, die Konsequenzen aus dem unanfechtbaren Resultat der chemisch-physikalischen Forschungen ziehen.

Die meisten, ja man kann sagen 90% aller Fabrikanten aber verschlossen sich wider besseres Wissen und absichtlich der besseren Erkenntnis, da bei einem richtig konstruierten automatenfreien Einwurfapparat nicht so viel zu verdienen war als bei den andern Systemen. Vergeblich waren die Mahnungen des Professors Dr. Raoul Pictet an die junge Industrie gerichtet worden, ungehört verhallten die ernsten Worte des Ausstellungskomités im Imperial-Institut in London, und die Stellungnahme der Berufsgenossenschaft der Gas- und Wasserwerke in Deutschland wurde als dem Konkurrenzneid entsprungen bezeichnet, obwohl es geradezu vernunftwidrig ist, Steinkohlengas und Acetylen als Konkurrenten in einem Atem zu nennen.

Ein Einwurfapparat, welcher z. B. für 40 Flammen à 16 Normalkerzen und dreistündiger Brenndauer aller Flammen konstruiert ist, mufs eine Gassammelglocke besitzen von $40 \times 10 \times 3 = 1,25$ m³, d. h. eine Glocke, deren Durchmesser 1,2 m und deren Höhe ca. 1,5 m beträgt. Mit dem äufseren Bassin, Entwickler, Reiniger und sonstigem

2

Zubehör wird das Gewicht der verwendeten Bleche und
Eisenteile mindestens 10 Centner betragen, wenn der Apparat
stabil gebaut ist; aufserdem kann ein Apparat von solchen
Dimensionen nur genietet sein. Sehen wir uns dagegen
einen Überschwemmungsautomaten von gleicher Produk-
tionsfähigkeit an. Die Füllung mit Calciumkarbid beträgt
in beiden Fällen 4,5 kg. Während nun beim Einwurfapparat
diese Füllung auf einmal in den Wasserüberschufs gegeben
wird, befindet sich das Karbid beim Überschwemmungsautomaten in 5—10 räumlich von einander getrennten
Blechgefäfsen zu gleichen Portionen, und da nur eine
Portion auf einmal vom Wasser angegriffen wird, so benötigt die Gassammelglocke nur eine Aufnahmsfähigkeit
von 0,1—0,3 m³; sie kann daher um das Zehnfache kleiner
sein als die Glocke des Einwurfapparats. Dementsprechend
werden auch schwache, nur gelötete Bleche verwendet, und das
Gesamtgewicht eines derartigen Apparats mag im günstigsten Fall 2—3 Centner betragen. — Setzt man nun für das
Kilogramm fertig verarbeiteten Materials rund eine Mark
Fabrikationsspesen, so resultiert daraus, dafs der Einwurfapparat in der Fabrik um ca. 500 Mk. und der Über-
schwemmungsapparat um 150 Mk. herzustellen ist. In
diesem Rechenexempel liegt das Geheimnis der die alten
Systeme beibehaltenden Apparatefabrikanten. — Der Ver-
kaufspreis beider Apparate schwankt zwischen 7—900 Mk.
Es verdient daher der Fabrikant eines Überschwemmers an
diesem ca. 440 %, während am Einwurfapparat nur 60 %
verdient werden können. Es ist ohne weiteres ersichtlich,
dafs bei Verkauf eines Überschwemmungsautomaten andere
Zahlungsbedingungen gestellt werden konnten. Der Fabrikant verlangte meistens Ratenzahlungen, eingeteilt in 4—5
vierteljährliche Raten, wobei er die Sicherheit hatte, dafs
mit der ersten Rate bereits seine Fabrikationsspesen gedeckt

waren. Dasselbe gilt für Tauch- und Ersäufungsautomaten ohne wesentliche Einschränkung obiger Behauptungen und endlich auch für den Einwurfautomaten.

Allein nicht etwa des gröfseren Verdienstes wegen, den die Fabrikanten berüchtigter Systeme einsteckten, sollen diese bekämpft werden, sondern lediglich in Hinsicht der technischen Mängel und der permanenten Explosionsgefahr, welche den genannten Systemen anhaften.

Um die folgende Abhandlung jedermann verständlich zu machen, müssen die physikalischen Gesetze und die wissenschaftlich und praktisch erhärteten Grundsätze fixiert werden, welche bei der Erzeugung von Acetylen zu beobachten sind, und welche folgendermafsen lauten:

1. Reines Acetylen explodiert bei einer Temperaturgrenze von 780°.

2. Bei einem Druck von über 2 Atmosphären, in Gegenwart eines glühenden Körpers.

3. Mit Luft gemischtes Acetylen explodiert bei einer Temperatur von 480°.

4. Beträgt die Mischung von Acetylen 2,8—65% des vorhandenen Luftvolumens, so explodiert dieses Gemisch in Gegenwart eines glühenden Körpers.

5. Der selbstentzündliche Phosphorwasserstoff Ph_3, welcher ein ständiger Begleiter des ungereinigten Acetylen ist, kann bereits bei 100° sich entzünden und eine Explosion einleiten.

6. Die Nachvergasungen bei allen Apparaten, in welchen Wasser zum Karbid geführt wird, sind ihrer Quantität nach unkontrollierbar und dauern 2—12 Stunden nach Abstellung des Wasserzuflusses.

7. Heifses, feuchtes und ungereinigtes Acetylen zerstört den Apparat, verstopft und verschmiert Leitungen

2*

und Brenner, ist unter Umständen selbstentzündlich
(vgl. No. 5) und erfüllt während seiner Verbrennung
die Räume mit gesundheitsschädlichen Dämpfen.

8. Alle automatischen Vorrichtungen, die Wasser zum
   Karbid oder Karbid zum Wasser führen, haben sich
   nicht bewährt, sind also zu verwerfen

   a) in Anbetracht des Anrostens der zum automati-
      schen Mechanismus gehörigen Metallteile;

   b) in Anbetracht der ungleichen Aufsenflächen der
      einzelnen Karbidstücke und der raschen Staubbil-
      dung des Karbids, welches nicht mehr in luft-
      dicht verschlossenen Gefäfsen aufbewahrt wird.

Es ist vor allem zu betonen, dafs bei der Konstruktion
und dem Bau sämtlicher alter Systeme, von der Fahrradlampe an bis zum grofsen Überschwemmungsautomaten,
nicht etwa gegen das eine oder andere der Gesetze ver-
stofsen werde, sondern, dafs die sämtlichen Fundamental-
wahrheiten summarisch ignoriert wurden, und die fortgesetzte,
jahrelange, unverantwortliche Mifshandlung des Acetylen
durch die genannten Fabrikanten ein Bild technischer Per-
versität annahm, wie es in der Entwicklungsgeschichte keiner
anderen Industrie citiert werden könnte. Kein Zug idealen
Strebens und Ringens nach Vervollkommnung, der die
deutschen Techniker sonst so berühmt und zu den gesuch-
testen Kulturpionieren der Erde machte, kein warmer und
kräftiger Pulsschlag auf den dunklen Irrwegen des Acetylen
belebte und erwärmte die junge, hoffnungsvolle Industrie,
dagegen ernteten die wenigen Männer, die den persönlichen
Mut hatten, ein »Quos ego!« auszurufen, Hohn und Spott,
und im Kampf gegen einen solchen Verwegenen verbanden
sich alle, von den Direktoren der grofsen Acetylenspängle-
reien an, die mit Millionen eingezahlten Kapitals renom-

mierten, bis zum Gevatter Schuster und Schneider in Feldmoching, welche sich den stolzen Namen »Acetylengasapparate-Fabrikant« beilegten.

Es ist bekannt, daſs bei der Verbindung von Wasser und Karbid Wärme entsteht, und diese Wärmeentwicklung nimmt aufsteigend zu, je weniger Wasser zur Entwicklung des Acetylen verwendet wird. Den Rekord bei Erzeugung hoher Temperaturen erreichten die Tauch- und Tropfapparate und jene Systeme, bei welchen das Wasser von unten an das Karbid herantrat. Professor Vivian Lewes konstatierte hierbei, daſs einzelne Karbidstücke in Rotglut geraten waren, und die Temperatur rasch bis auf 7—800⁰ stieg. Bei Überschwemmungsapparaten, bei welchen mehr Wasser zuströmt, wird das erzeugte Acetylen in den meisten Fällen mit einer höheren Temperatur als 100⁰ die Entwickler verlassen. — Da bei Beginn der Acetylenerzeugung sich bei diesen Apparaten Luftmischungen niemals vermeiden lassen, so ist die Erwärmung eine noch viel gefährlichere, als wenn reines Acetylen vorhanden wäre. Die Entwickler dieser Apparate werden vor Inbetriebsetzung durch hydraulische oder metallische Verschlüsse gasdicht verschlossen. Die in denselben nun eingesperrte Luft, deren Volumen sich nach der Gröſse der Apparate richtet, kann 1000 und mehr Liter betragen. Nimmt man beispielsweise einen Entwickler an, welcher nur 100 Liter Luft enthält, so entsteht bereits nach Erzeugung der ersten 2 Liter Acetylen innerhalb des Entwicklers ein gefährliches Acetylenluftgemisch, welches bei einer Temperatur von 480⁰ explodieren muſs. — Bei den Tauchapparaten befindet sich die Luft in der Gassammelglocke, welche gleichzeitig die Karbidpatrone trägt, und selbst die kleine Fahrradlampe weist bei Inbetriebsetzung Acetylenluftgemische auf, welche zur Explosion der Lampe führen können.

Ebenso bekannt sind die den genannten Systemen an-
haftenden Nachvergasungen. Die Produktion von Acetylen
hört nicht in dem Augenblick auf, in welchem der Konsument
seine Flammen ausdreht, sondern das bereits angefeuchtete
Karbid entwickelt weiter, und die Wasserdämpfe, welche
bei der großen Erwärmung innerhalb der Entwickler erzeugt wurden, kondensieren sich bei der Abkühlung zu
Wassertropfen, welche neuerdings vom Karbid aufgesaugt
werden. Dieser Kreislauf dauert, wie schon bemerkt, oft
2—12 Stunden. Nachdem nun die Gassammelglocke ohne-
hin so klein wie möglich gebaut ist, wird dieselbe bald
nicht mehr aufnahmsfähig sein, und das überschüssige Gas
entweicht entweder unbenutzt durch die Überdrucksrohre
ins Freie oder zwängt sich bei Versagen derselben durch
den hydraulischen Verschluß des Gasometerbassins und
erfüllt den Apparateraum mit gefährlichen Acetylenluftge-
mischen. — Die hochtönende Phrase in den Prospekten
der Fabrikanten, welche besagt, der Apparat erzeuge nur
so viel Gas, als gerade benötigt wird, ist somit eine Be-
hauptung, welche den Thatsachen diametral entgegenge-
setzt ist.

Die Unreinheiten des Acetylen, Schwefelwasserstoff,
Stickstoffverbindungen und Phosphorwasserstoff können
durch die uns zu Gebot stehenden Reinigungsverfahren,
das sind genügende Wasserbäder und Puratylen, Acagin
oder Heratol u. s. w., entfernt werden. Es ist nicht not-
wendig, an dieser Stelle eine chemische Exkursion bezüglich
der Entstehung und Entfernung der Unreinheiten zu unter-
nehmen, und verweise ich in dieser Beziehung auf die
Fachlitteratur, auf die veröffentlichten Resultate der chemischen Abteilung der Deutschen Gold- und Silberscheide-
anstalt in Frankfurt a. M. und auf meinen Vortrag im
Polytechnischen Verein in München im November 1899.

Es muſs jedoch ausdrücklich betont werden, daſs die Reinigung des Acetylen wohl die Rohrleitung und Beleuchtungskörper vor Zerstörung bewahren kann, daſs aber die Apparate selbst, sofern sie nicht zum Einwurfsystem gehören, durch die korrosiven Eigenschaften, besonders des Ammoniak, in kurzer Zeit (ca. 2 Jahre) zerstört wurden. Und zwar erstreckt sich die Zerfressung der mit dem ungereinigten Acetylen in ständiger Berührung befindlichen Metallteile sowohl auf die Entwickler als auch auf die Gassammelglocke, da aus technischen Erwägungen die Reinigungsgefäſse nicht zwischen die genannten Apparateteile, sondern hinter dieselben eingeschaltet werden müssen. Die Erfahrung hat gelehrt, daſs die undichten Stellen sich zuerst dort bemerklich machen, wo die Bleche durch weiche Lötung mit einander verbunden sind, oder wo durch einen zu kräftigen Hammerschlag bei der cylindrischen Formung der Gefäſse eine Ausbauchung des Blechs hervorgerufen wurde. In Anbetracht dieser Umstände leisten die Fabrikanten meist nur eine Garantiezeit von einem Jahre auf ihre Erzeugnisse und trösten sich dabei mit dem Ausspruche: ›Après nous le déluge‹. Selbst bei dem günstigsten Karbidpreis aber ist die kurze Lebensdauer dieser Apparate nicht geeignet, eine Amortisation des Anlagekapitals zu gewährleisten. Wenn z. B. jemand einen Apparat für 20 Flammen besitzt, welcher 360 Mk. kostet, so muſs er auſser dem Preis für das per Jahr konsumierte Karbid im Betrage von ca. 300 Mk. noch 180 Mk. Abnutzungsspesen hinzuschreiben, so daſs ihn die 16 normalkerzige Flamme nicht mehr 1 Pf. per Brennstunde, sondern 1,6 Pf. kostet. — Auſser dieser wirtschaftlichen Schädigung des Apparatebesitzers ruht in dem Zerstörungsprozeſs die ungeheuerste Explosionsgefahr, da niemand im stande ist, den Moment vorauszusehen, in welchem eine undichte Stelle dem Acetylen den Austritt aus dem Apparat in den Aufstellungsraum gestattet.

In einem solchen Falle können weder Entlüftungsrohre noch Ventilationseinrichtungen die auftretenden explosiblen Acetylenluftgemische verhüten.

Aus obigem ist ersichtlich, dafs Tauch-, Tropf-, Überschwemmungs- oder Ersäufungsapparate gemeinsam an Erwärmung, an der Erzeugung von mit Luft gemischtem Acetylen, an den Nachvergasungen leiden, und dafs sie bald zerstört werden. Es erübrigt nur noch, über die automatischen Vorrichtungen zu sprechen, welche auch die sonst einwandfreien Einwurfapparate mehr oder weniger misskreditierten. Es mufs zugegeben werden, dafs der Gedanke der automatischen Zuführung gleicher Karbidmengen, welche dem Gaskonsum entsprechend in bestimmten Zeitabschnitten in das Entwicklungswasser fallen, etwas aufserordentlich Verlockendes an sich hat. Auf dem Papier mögen derartige Konstruktionen auch als vollwertig erscheinen, in der Praxis aber haben sie sich nicht bewährt, da jeder Automat einmal versagen kann und mufs. Die Kraft, welche den automatischen Mechanismus in Funktion setzt, ruht in der Beweglichkeit der Gassammelglocke bezw. in dem lebendigen Gewicht derselben, nach Verringerung des in ihr aufgespeicherten Gasvolumens durch Licht oder Kraftkonsum. Der Automat besteht meist aus einer horizontal oder vertikal über dem Entwickler gelagerten drehbaren Trommel, welche in radiale Karbidkammern eingeteilt ist. Die einzelnen Karbidgefäfse können auch zum Umkippen gebracht werden, oder die Karbidportionen können durch eine Transportschnecke je nach Bedarf ins Entwicklungswasser befördert werden, oder das Karbid wird samt den durchlochten Behältern ins Wasser gestofsen. Bei kleinen Einwurfautomaten wird auch gekörntes Karbid verwendet, welches durch selbstthätig sich öffnende und schliefsende Ventile einfallen kann, oder das gekörnte Karbid befindet sich in Papierhülsen, welche nach erfolgtem Einwurf aufweichen und dann die Entwicklung von Acetylen eintreten lassen u. s. w.

Die Zahl diesbezüglicher Konstruktionen ist ganz bedeutend, aber keiner einzigen sollte es gelingen, in der Praxis durchschlagende Anerkennung zu finden, da nach kurzer Zeit der Automat versagte, weil entweder durch Anrosten von Zahnrädern, Hebelarmen, Drehscheiben, Kontregewichten, Wellen oder Metallscharnieren, überhaupt aller nicht mit einem Antrich überzogenen Eisenbestandteile, oder durch Staubniederschlag an den Reibungsflächen des Mechanismus der ganze Automat zum Stillstand geriet, was für den Apparatebesitzer immer das Hereinbrechen einer plötzlichen Finsternis bedeutete.

Es kann nicht genug betont werden, dafs bei Gewinnung des Acetylen das Einfachste unter allen Umständen das Beste ist, zumal die Wartung und Bedienung des Apparats ausschliefslich Personen anvertraut werden mufs, die keine geschulten Techniker sind. Das Einfachste ist und bleibt der Einwurfapparat, welcher nur zum Handbetrieb eingerichtet ist. In der Technik gibt es keinen Kompromifs, darum fort mit aller Halbheit, fort mit allen konstruktiven Spielereien und fort mit der Irrlehre des automatischen Betriebs.

Es kann der Fachlitteratur der Vorwurf nicht erspart bleiben, dafs sie bei Bekämpfung der Auswüchse lediglich die Rolle des Zuschauers gespielt hat, anstatt dafs sie mutig und entschlossen auf die Seite des Rechts getreten wäre. »Hominis inimici sunt domestici!« — frei übersetzt: Die Feinde der Acetylenindustrie sind die Fachzeitschriften — so sollten angesichts der unbegreiflichen Haltung der Fachlitteratur die folgenden Ausführungen überschrieben sein. Denn was wäre begreiflicher, als in dieser sich ausschließlich mit dem Acetylen befassenden Presse immer und immer wieder die von allen Autoritäten und bedeutenden Praktikern vertretene Ansicht, nur Einwurfapparate mit Handbetrieb zu konstruieren, als obersten Grundsatz, als die conditio sine qua non predigen zu hören. Es muß doch als sicher angenommen werden, daß die Redakteure solch technischer Zeitschriften mit dem Standpunkt der deutschen Staats- und Gemeindebehörden vollkommen vertraut sind, welchen in keiner Weise eine Animosität gegen das Acetylen zu unterschieben ist. — So ist ja, wie auch in Preußen, der bayerische Staat der Besitzer der größten Acetylengasanstalt. Die strengste Objektivität, die bei Auswahl von Acetylenapparaten zu staatlichen Zwecken herrscht, wird wohl von niemanden bezweifelt werden. Die eingehendsten Versuche der kgl. Maschineningenieure bei den Direktorien deutscher Staatseisenbahnen haben mit erfreulicher Einstimmigkeit dem reinen Einwurfsystem ohne automatischen Betrieb den Vorzug über allen anderen Systeme gegeben und bei der Einladung zur Submission von vornherein alle anderen Apparate ausdrücklich ausgeschlossen. Es unterliegt wohl auch keinem Zweifel, daß mit der Zeit das oft getäuschte Publikum sich zu dieser Anschauung bekehren und endlich kategorisch jeden Apparat zurückweisen wird, welcher nicht nach dem Grundsatz »Karbid durch Handbetrieb ins Wasser« konstruiert ist. — Erst dann wird das goldene Zeitalter des Acetylen anbrechen, und werden die Klagen endgültig verstummen. Dieses Ziel zu erreichen, müßte die Aufgabe jedes Acetylenikers und vorzüglich der Fachpresse sein, die an erster Stelle berufen ist, dem Laien gegenüber belehrend und aufklärend zu wirken. — Leider muß jedoch konstatiert werden, daß diese Presse nichts weniger als aufklärend

wirkt, sondern im Gegenteil mit einer seltenen Konsequenz
Verwirrungen anrichtet, indem sie oft die absurdesten Konstruktionen in Wort und Bild dem staunenden, oder besser
gesagt dem verblüfften Leser vorführt. Diese Fachlitteratur
gefällt sich in der Rolle eines modernen Minotaurus, da
sie ihre Leser in ein Labyrinth verlockt, in welchem die
meisten den Ariadnefaden erst wiederfinden, wenn sie tüchtig
Lehrgeld bezahlt haben, oder durch Schaden klug geworden sind.

Freilich wird die Acetylenfachpresse uns entgegenhalten,
daſs sie verpflichtet ist, alle Neuheiten zu besprechen. Gewiſs,
denn mit was würden sonst vier oder fünf Zeitschriften
wöchentlich ihre Spalten füllen. Aber dem Leser ohne
jeden Kommentar und einer ängstlichen Scheu, ein Wort
tadelnder Kritik zu finden, schlechte, in der Praxis geradezu
wertlose Apparate vorzuführen, ist dasselbe, als wenn ein
Arzt einem Rekonvalescenten täglich Vorlesungen über die
scheuſslichsten Krankheiten des Menschengeschlechtes halten
würde. Warum findet diese Presse den Mut nicht, den
Herren Konstrukteuren von untauglichen Acetylenapparaten
zu sagen: »Wir werden ihren Apparat besprechen, aber
das Publikum vor demselben warnen.« Durch solches Vor-
gehen würden zwei Mücken mit einem Schlag erlegt, erstens
würde das Publikum gar nicht auf den Apparat aufmerk-
sam und zweitens würde der unglückliche Erfinder vor
späteren pekuniären Enttäuschungen bewahrt. Die Fachpresse aber fände in dem Bewuſstsein, eine sittliche That
vollbracht zu haben, wahrscheinlich den Mut, mit den Un-
holden der Acetylentechnik eine Bartholomäusnacht zu ver-
anstalten. Es soll heute nicht unsere Aufgabe sein, Beispiele
zu citieren, denn diese Marter würde elf Sommertage aus-
füllen, wir beschränken uns nur auf eine kurze Kritik der
vom deutschen Acetylenverein herausgegebenen Schrift:

»Das Acetylenlicht«. Verfasser ist Herr Dr. Vogel, Berlin.
Der etwas schulmeisterliche Ton der Schrift dürfte den
Beifall der gebildeten Leser nicht finden. Sonst verfolgt
das Elaborat einen wohlgemeinten Zweck. — Bemerkens·
wert ist der Anlauf, den Herr Dr. Vogel genommen, unter
der Blume das Einwurfsystem zu empfehlen, ohne den
anderen Systemen wehe zu thun. Er sagt nämlich: »Bei
der Acetylendarstellung im grofsen mufs stets viel mehr
Wasser genommen werden, als zur Entwicklung des Acetylens
erforderlich wäre.« In anmutiger Bewegung hat sich der
Verfasser an dem wunden Punkt der Acetylenindustrie vor-
beigeschlängelt; doch däucht uns, dafs der Herr Doktor selbst
über seine eigene Kühnheit erschrak, denn er sprang hurtig
auf ein anderes Gebiet über, berührte die Apparatetechnik
mit keiner Silbe mehr und überliefs das trauernde Publikum
dem Wurm des Zweifels.

Denselben Standpunkt wie Herr Dr. Vogel nahmen die
sämtlichen Fachzeitschriften ein, alle geben verschämt zu,
dafs der Einwurfapparat das beste sei, aber die Über-
schwemmungsapparate etc. seien auch gut. Wer lacht da?
Kann man sich wundern, dafs rebus sic stantibus ein Kupfer-
schmied eines Tags folgendes Inserat lofsliefs: »Der Überschwemmungsautomat, bekanntlich das beste System (vgl.
Acetylen in Wissenschaft und Industrie, Seite x . . .) wird
von mir fabriziert« u. s. w. Dieses Beispiel ist charakte-
ristisch für den Ideengang unserer Konkurrenz vom Lande.
Ein anderer leistete sich folgenden Spafs: Als einer seiner
Apparate eine schwere Explosion verursacht hatte, meldete·
der Biedere seinen Eintritt in den deutschen Acetylenverein
an, um sich für den Civilprozefs einige Sachverständige
kalt zu stellen. — Das Organ des Vereins meldete thatsächlich die Beitrittserklärung in aller Form an, anstatt ihm
zu schreiben: »nachdem Sie uns vor Ihrer Explosion nicht

gefunden haben, bedauern wir nach der Explosion nicht
für Sie zu existieren.« Ein kleiner Spängler aus der fränki-
schen Gegend bewarb sich um eine Agentur einer Acetylen-
apparatefabrik. Als ihm auf seine Wünsche bezüglich
Gewährung von Vorschüssen kein Entgegenkommen gezeigt
wurde, schrieb er kalt zurück: »Überhaupt taugt ein Einwurfapparat nichts, das sagt sogar Acetylen in Wissenschaft
und Industrie.« —

Der moderne Humor oder Ulk, welcher sich heute bei
den ernstesten Dingen breit macht, sollte eben auch bei
uns nicht ganz vermißt werden, und ich glaube, daß der
Vorsitzende des deutschen Acetylenvereins sich selbst oft
nicht vor Heiterkeit bewahren konnte, wenn ein wohlwollend
besprochener Taucher oder Überschwemmer ihm mit Harle-
kinsprüngen Kußhände zuwarf.

Die Fachlitteratur und der deutsche Acetylenverein
haben die Mitläufer grofs gezogen und unterstützt und
können sich daher nicht über die Versumpfung und Ver-
wilderung der Acetylentechnik beklagen. Tu l'as voulu,
George Dandin!

Als mildernder Umstand für die Zeitschriften gilt der
Einflufs des Verlegers, also des rein kaufmännischen Faktors
des Unternehmens, welcher vor allem die Ausfüllung seiner
Zeitung mit Annoncen ins Auge fassen mufste. Von den
wenigen Fabrikanten, die Einwurfapparate fabrizieren, hätten
die Zeitungen nur ein kümmerliches Dasein fristen können,
darum wurden auch die geschäftlichen Anzeigen der andern
aufgenommen, und mit Rücksicht hierauf blähte ein sanfter
Zephyr die schlaffen Segel des Pfuschers.

Diesem Spiel der Kräfte sahen mit aufserordentlich
freundlicher Zustimmung die Karbid- und Brennerfabrikanten
zu. Für diese war es im Grunde ganz gleichgültig, in

welchem Apparat das Karbid zersetzt wurde, oder welcher
Apparat die Flammen speiste. Wenn nur flott abgesetzt
wurde und nichts auf Lager blieb. — Hierzu kam noch die
schwierige Lage der Karbidfabriken. Das Grofskapital, das
massenhaft zur Erbauung von Karbidwerken zusammenflofs,
liefs ein Werk nach dem andern aus dem Boden schiefsen,
und die Karbidproduktion gestaltete sich zu einer Über-
produktion, da die Ausdehnung der Acetylenindustrie nicht
in gleichem Mafse zunahm und nicht im stande war, die
Karbidvorräte zu verbrauchen. In diesem Umstande beruht
auch der finanzielle Mifserfolg, die gefährlichen Preistreibereien
und der Untergang so manchen mit grofsen Hoffnungen und
technisch grofsartig angelegten Karbidwerks. —

Hätte sich das Grofskapital auch der Acetylenindustrie
angenommen, so wären diese bedauerlichen Verschiebungen
zwischen Produktion und Konsum auch dem Karbidmarkt
erspart geblieben. Per Nachnahme freilich können wir
unsere Apparate nicht versenden, und die Leitung einer
Apparatebauanstalt stellt höhere Anforderungen an die
Intelligenz und menschliche Arbeitskraft, als die kauf-
männische Leitung eines Karbidwerks.

Neben Fachlitteratur und den Karbid und Brennerfabriken
waren die Acetylenfachausstellungen in Deutschland ein
guter Nährboden für das Unkraut unter dem Weizen. —
Jeder Apparat, der einigermafsen hübsch angestrichen und
noch nicht explodiert war, erhielt eine goldene oder silberne
Medaille, Diplome u. s. w. Das System spielte keine Rolle,
und mancher Überschwemmer brüstet sich mit der Verleihung einer goldenen Medaille. Lobenswert war die Selbst-
erkenntnis der »Hera« gelegentlich der Ausstellung in
Cannstadt. Der Überschwemmungsautomat der genannten
Gesellschaft erhielt die goldene Medaille; eine derartige
Auszeichnung ging sogar der »Hera« über die Hutschnur,

und mit echt berlinischer Fixigkeit schaukelte einige
Stunden nach dem Prämierungsakt ein mächtiges Plakat
über der grofsen Blech- und Lötzinn-Niederlage, welches
folgende Aufschrift trug:

»Goldene Medaille erhalten aber zurückgewiesen!«
(Respekt!) Der letzte Faktor endlich, allerdings von unter-
geordneter Bedeutung, welcher die reelle Entwicklung der
Acetylenindustrie hemmte, war der weitgefafste Anspruch
des Patents Pictet No. 98142, welches von der Allgemeinen
Karbid- und Acetylen-Gesellschaft käuflich erworben wurde.
Bekanntlich lautete derselbe ursprünglich folgendermafsen:
»Apparat zur Herstellung von luftfreiem Acetylen, dadurch
gekennzeichnet, dafs die Einführungskanäle für das Calciumkarbid unterhalb des Wasserspiegels des Entwicklungsgefäfses münden.« Solange dieser Anspruch zu Recht
bestand, war es für die Technik schwierig, einfache und
brauchbare Einwurfapparate zu konstruieren, welche nicht mit
dem Pictet-Patent kollidierten. Bekannt ist der Ausgang
des von Herrn Dr. Stern angestrengten Prozesses, in welchem
die Nichtigkeitserklärung des Patents 98142 gefordert wurde.
Das Reichsgericht als letzte und oberste Berufungsinstanz
hat am 21. Februar 1900 den Patentanspruch in folgender
Weise eingeschränkt: »Apparat zur Herstellung von luftfreiem Acetylen, dadurch gekennzeichnet, dafs die Einführungskanäle für das Calciumkarbid unterhalb des Wasserspiegels schräg einmünden, und sich unterhalb der
Mündungen im Innern des Entwicklungsgefäfses schräge
Gleitflächen befinden, auf welchen das Calciumkarbid nach
der Mitte des Gefäfses gleitet.« Als entscheidendes Merk-
mal für den Pictetapparat hat das Reichsgericht im Urteils-
tenor weiter konstatiert, dafs der Luft, welche mit dem
Karbid in das Entwicklungsgefäfs eingeführt wird, ein Ent-
weichungsweg eröffnet wird, d. h. die Einführungs-

kanäle müssen offen sein. Die in diesem letzteren Betreff erholten Gutachten von der Patentinhaberin, insbesondere das Gutachten des Herrn Professors Wedding, welcher behauptete, daſs gasdicht verschlossene Einwurfschächte eine unwesentliche Abänderung bedeuten, wurde vom Reichsgericht, wie ersichtlich, z u r ü c k g e w i e s e n.

Dieser hocherfreuliche Ausgang des Prozesses hatte vor allem die Patentfähigkeitserklärung mehrerer Anmeldungen zur Folge, welche bis zur reichsgerichtlichen Entscheidung noch nicht ausgesprochen werden durften. — Die moralische Depression, welche begreiflicherweise die Allgemeine Karbid- und Acetylen-Gesellschaft in Berlin ergriff, äuſserte sich vor allem in einer Rundreise des Direktors der genannten Gesellschaft, Herrn Dr. Oskar Münsterberg, und hatten auch wir in München den Vorzug, diesen Herrn persönlich empfangen zu dürfen. Gleichzeitig wurde im Bureau der Gesellschaft in Berlin eine Schreibmaschine käuflich erworben, welche ebenso impulsive als inhaltslose Briefe erzeugte, und in vielen Exemplaren nach allen Richtungen der Windrose hinausflattern lieſs. In all diesen Briefen stand schwarz auf weiſs, was Münsterberg wie ein moderner Troubadour herausschmetterte, daſs nämlich das Reichsgericht den Patentanspruch nicht eingeschränkt, sondern sogar noch erweitert habe. Philantropisch, wie Münsterberg nun einmal ist, beteuerte er himmelhoch, daſs er die kleinen Pfuscher, welche seine Apparate nachbauten, ihrem affenartigen Instinkt überlasse, weil bei einer Klage nichts zu holen sei, und die kleinen Sünder wenigstens zum Konsum des von der Allgemeinen Karbid- und Acetylen-Gesellschaft so vorzüglich hergestellten Karbids beitragen würden. Den leistungsfähigen Fabriken aber drohte der ungesättigte Kohlen-Wasser-Stoff-Odysseus mit fürchterlichen Prozessen, und erschütterte mit seiner Beredsamkeit, mit der entwickelten Logik und mit

dem Feuer, das in ihm lodert, das Herz manches sonst
tapfern und kundigen Mannes dergestalt, dafs die Fabrikation
von Acetylenapparaten nicht nur per sofort eingestellt wurde,
sondern dafs auch in den meisten Fällen die Unglücklichen
vor den Triumphwagen Münsterbergs gespannt wurden und
unwillig den Verschleifs der Pictet-Apparate gegen 25 %
Provision, zahlbar nach Eingang der Beträge übernahmen.
Wenn dann Münsterberg zu Hause den Aktionären seiner
Gesellschaft den noch rauchenden Skalp so manches ge-
fürchteten Rivalen vorzeigte, da mögen sie mit Recht sich
über die geistige Inferiorität der Konkurrenz ins Fäustchen
gelacht haben. Vae victis!

Trotz allem hoffen wir, dafs die Spur von Münsterbergs
Erdenwallen wenigstens in Bayern bald verweht sein wird,
und dafs wir in der Vorahnung dieses Ereignisses frei nach
Homer ausrufen können:

»Einst wird kommen der Tag, wo die Allgemeine samt
Acagin hinsinkt in den Staub,
Münsterberg*) selbst, und der Apparat des offenschachtigen
Pictet.«

Wenden wir uns von den Gefilden der Vergangenheit
zur Gegenwart und Zukunft des Acetylen, so überkommt
uns das Gefühl, welches jeder Seemann hat, wenn er nach
überstandenem Sturm wieder festes Land unter den Füfsen
hat, oder welches die Begleiter des Grafen Zeppelin bei der
glücklichen Landung nach dem Zick-Zack-Kurs über dem
Spiegel des Bodensees erfüllt haben mag.

Aus all den Kämpfen und der Leidensgeschichte des
Acetylens hebt sich wie ein Monumentalbau in stilechter
architektonischer Einfachheit der reine Einwurfapparat ohne

---

*) Während der Drucklegung hat Münsterberg thatsächlich den
Karbidstaub der A.-C. und A.-G. von seinen Pantoffeln geschüttelt.

automatischen Karbidzuführungsmechanismus ab. Ihm allein ist die Zukunft.

Es würde das mir gesteckte Ziel überschreiten, wenn ich die Beschreibung jener Einwurfapparate einfügen wollte, welche in Deutschland hergestellt werden, und beschränke ich mich nur auf die Aufzählung derjenigen Vorteile, welche das genannte System im allgemeinen auszeichnen. Dieselben bestehen:

1. in der Erzeugung eines luftfreien Acetylens;

2. in der Vermeidung der Erwärmung des Gases oder der Apparate (grofser Wasserüberschufs);

3. in der Vermeidung von Überproduktionen und Nachvergasungen, da der Entwicklungsprozefs in wenigen Minuten vollendet ist;

4. in der Möglichkeit, das für 24 Stunden notwendige Acetylen zu jeder Tageszeit im Vorrat zu erzeugen, so dafs Entwicklung und Konsumierung zeitlich von einander getrennt sind;

5. in der Reinigung des Acetylens im Momente der Erzeugung durch die Kalkhydratmilch von Schwefelwasserstoff und Ammoniak;

6. in der hieraus resultierenden Widerstandsfähigkeit des Apparates gegen die korrosiven Eigenschaften der chemischen Schädlinge des Acetylens;

7. in der Unmöglichkeit der Selbstentzündung des kalten, gewaschenen und luftfreien Acetylens, in der Vermeidung jeder Explosionsgefahr durch hohe Temperaturen, im Ausschlufs von Betriebsstörungen durch einfache, jedermann verständliche Konstruktion des Apparates, in der Einfachheit der Bedienung und Reinigung desselben und endlich

8. in der absoluten Rufs- und Geruchlosigkeit der
   Flamme, da durch einen Trockenreinigungsprozefs
   mit Puratylen auf einfache Art auch der Phosphorwasserstoff radikal entfernt werden kann.

Um Betriebsstörungen auch während der Wintermonate
auszuschliefsen, müssen die Apparate in einem frostsicheren
Raum aufgestellt werden, d. h. der Raum mufs entweder
durch eine Dampfniederdruck- oder Warmwasserheizung
erwärmt oder das in den Apparaten befindliche Wasser
mufs durch Zirkulationsvorrichtungen vor Eingefrieren bewahrt werden. Derjenige Interessent, welcher die hiermit ver-
knüpften Kosten scheut, hat niemals die Garantie, dafs
seine Anlage auch den ganzen Winter hindurch tadellos
funktioniert.

Die Hoffnungen, welche auf die Erfindung einer transportablen Acetylentischlampe von jeher, insbesondere seit
der letzten Jahresversammlung des deutschen Acetylen-
Vereins in Düsseldorf gesetzt wurden, haben sich nicht
erfüllt, werden und können sich nicht erfüllen, da die
Lampe weder dem Tauch oder Überschwemmungssystem
angehören darf, sondern nur auf der Basis der Konstruktion
eines Einwurfapparates denkbar ist, wenn man nicht wieder
in die alten Fehler zurückfallen will. Da die Grund-
bedingung für die allgemeine Einführung der Lampe, eine
Brenndauer von mindestens fünf Stunden bei einer Flammen-
stärke von 32 Normalkerzen ist, so bedeutet dies einen
Gasverbrauch von ca. 110 Litern Acetylen (ca. 350 g Karbid)
per Abend, oder die Gassammelglocke der Lampe müfste
eine Höhe von 60 cm und einen Durchmesser von 40 cm,
die ganze Lampe mindestens eine Höhe von 1 m haben.
Diese würde mit Wasser gefüllt ca. 2 Zentner wiegen, dürfte

also für den Hausgebrauch ungünstige Mafs- und Gewichts-
verhältnisse aufweisen, wenn auch zugegeben werden mufs,
dafs sie von Kindern nicht so leicht umgeworfen werden
könnte.

Die Zukunft des Acetylens ruht also nicht in der
transportablen Tischlampe, sondern in der Acetylencentrale.
In dem Augenblicke, in welchem der Staat die Oberaufsicht
über alle errichteten Acetylencentralen übernimmt, und die
Inbetriebsetzung von der peinlichsten Befolgung der gesetzlichen Bestimmungen abhängig gemacht wird, wird die
Unfallstatistik bezüglich der Verwendung von Acetylen
definitiv geschlossen sein. Wer die Unfallchronik der Tages-
zeitungen verfolgt, der mufs zugeben, dafs jährlich eine
Menge von Petroleumexplosionen oder hierdurch verursachter
Brände, Verletzungen und Tötungen durch Berührung
elektrischer Leitungsdrähte, Explosionen und Vergiftungen
durch Steinkohlengas berichtet werden, ohne dafs das
Publikum das Petroleum, die Elektricität oder das Kohlengas
hierfür verantwortlich zu machen sucht. — Anders beim
Acetylen. Hier wurde das Acetylen als solches bei jeder
Explosion angegriffen, und ist mir kein Fall erinnerlich, in
welchem die Tages-Presse die Ursachen der Unglücksfälle
technisch richtig beleuchtete und dem Publikum diejenigen
Aufklärungen zu teil werden liefs, welche ein gebildeter
Leser von seiner Zeitung verlangen darf. Einesteils war
sich das Redaktionspersonal der Zeitungen der grofsen Ausbreitung des Acetylens nicht bewufst und hielt es nicht der
Mühe wert, sich eingehend zu informieren, andernteils
stammten die Berichte über Acetylenexplosionen aus der
Feder kurzschlüssiger Elektrotechniker, welche die Gelegenheit nicht verpassen wollten, aus kleinlichem Konkurrenzneid dem Acetylen eine Schlappe zuzufügen. Wir müssen
mit aller Entschiedenheit dagegen protestieren, dafs ein

Unglücksfall, welcher auf die Liederlichkeit eines Spänglers zurückzuführen ist, zur geschäftlichen Ausschlachtung durch die Konkurrenz benutzt wird.

Es liegt aber in den Anfeindungen, die wir durch die Elektrotechnik erfahren haben, der gröfste und aufmunternde Beweis für die Existenzberechtigung des Acetylens, da die Elektricität das Acetylen der Feindschaft nicht für würdig erachtet hätte, wenn sie nicht in ihm den kräftigsten Daseinsdrang und die grofse Zukunft gewittert hätte.

Denn wenn auch die transportable Acetylentischlampe niemals erscheinen wird und daher an eine vollständige Verdrängung des Petroleums durch Acetylen nicht zu denken ist (gegenteilige Anschauungen sind Utopieen), so ist doch das Feld, welches der Acetylentechnik zufallen wird, ein so unermefslich grofses und unerschöpfliches, dafs die Acetylenindustrie in unserm industriellen und wirtschaftlichen Leben einen der bedeutendsten Faktoren bilden wird.

Die Zukunft wird lehren, dafs meine Prophezeiungen in dieser Hinsicht sich voll und ganz erfüllen werden, dafs die kleinen Städte, Märkte etc., die irgendwie in der Geschichte des Handels und des Gewerbes eine fortschrittliche Rolle spielen, sich auch zu einer Verbesserung der Beleuchtungsart entschliefsen müssen, d. h., dafs sie mit der alten Petroleumlampe aufräumen und diejenige Beleuchtung einführen werden, welche besser, schöner und praktischer ist, und die zugleich der Gemeinde einen jährlich erwachsenden Reingewinn abwerfen wird.

Wie jedes Zeitalter sich durch besondere charakteristische Merkmale auszeichnet, so erblicken wir in unserer Zeit mit der geistigen Aufklärung und Entwicklung der Menschheit gleichzeitig die gröfsten Triumphe auf dem Gebiete der Beleuchtungstechnik. In die Zeiten der Renaissance oder in die Paläste Ludwigs XIV. hätte die elektrische Bogenlampe so wenig gepafst, als in den Wigwam Attilas der Dr. Auersche Glühstrumpf.

Die Zukunft des Acetylens ruht jedoch nicht nur in der Erbauung kommunaler Gascentralen; das Wort Centrale ist vielmehr in der weitgehendsten Bedeutung aufzufassen, d. h. jede Acetylenanlage, welche mindestens zwei Flammen umfafst, die von einem Apparat gespeist werden, bedeutet eine Centrale, im Gegensatz zu der transportablen Acetylentischlampe, welche, wie schon angedeutet, die Zukunft des Acetylen nicht beeinflussen konnte und kann, das sie niemals erfunden werden wird, so lange nicht das Calciumkarbid andere physikalische Eigenschaften aufweist wie bisher.

Die Verwendung des Acetylens als motorische Kraft wird immer eine beschränkte bleiben, da der Preis des Calciumkarbids franko Verbrauchsstelle niemals unter 20 Pfg. per kg sinken wird. Nachdem die Pferdekraftstunde eines Acetylenmotors einem Gaskonsum von 180—200 Liter gleichkommt und ein kg Calciumkarbid ca. 290 Liter Acetylen gibt, so kostet die Stunde mindestens 13 Pf., ist also teuerer, als Petroleum-, Benzin- oder Gasmotor etc. Der Acetylenmotor kann und soll nur da verwendet werden, wo kein fabrikmäfsiger Betrieb stattfindet, wo also beispielsweise eine motorische Kraft einige Stunden im Tage oder zu gewissen Jahreszeiten zum Antrieb landwirtschaftlicher Maschinen benötigt wird. Dort wird der Motor billiger sein, als die menschliche und tierische Arbeitskraft oder die Miete von Lokomobilen.

Mögen meine Ausführungen dazu beitragen, dem Acetylen von manchem falschen Freund zu helfen und mögen alle, die im Streite der Parteien den richtigen Pfad verloren haben, wieder die Basis gewinnen, auf welcher zu Ehren und Frommen der Acetylenindustrie Lorbeeren errungen werden

können; das Publikum aber soll unser schönes Acetylenlicht, der schweren Kämpfe wegen, die es durchgemacht,
nicht weniger schätzen, da sich auch für unsere Industrie
doch nur auch das ereignet hat, was die Römer in den
Worten zusammenfafsten:

>Per aspera ad astra.<

Königlich Allerhöchste Verordnung,
die Herstellung, Aufbewahrung und Verwendung von Acetylengas und die Lagerung von Karbid betreffend.

§ 1.
Wer Acetylengas für eigenen Bedarf oder wer solches
für fremden Bedarf, jedoch nicht gewerbsmäfsig, herstellen
oder verwenden will, hat hiervon vor Beginn des Betriebes
der Distriktsverwaltungsbehörde, in München dem Stadtmagistrate, Anzeige zu erstatten.

§ 2.
Die Herstellung, Aufbewahrung und Verwendung von
Acetylengas, welches unter einem Überdruck von mehr als
1 Amosphäre steht, sowie von flüssigem Acetylen ist verboten.

§ 3.
Die Herstellung und Aufbewahrung von Acetylengas
darf nicht in oder unter bewohnten Räumen erfolgen.

§ 4.
Die Räume, in welchen Acetylengas hergestellt oder
aufbewahrt wird (Apparatenräume), müssen von bewohnten
oder zum Aufenthalt von Menschen bestimmten Räumen
entweder einen Abstand von mindestens 5 m*) besitzen oder
durch eine mindestens 0,38 m starke Schutzmauer ohne
Öffnungen getrennt sein.

---

*) Die Münchner Bestimmungen schrieben 10 m vor.

§ 5.

Die Apparatenräume müssen hell, geräumig, vollkommen frostfrei und ausreichend gelüftet sein; die Beheizung darf nur von aufsen erfolgen.

§ 6.

Eine künstliche Beleuchtung der Apparatenräume darf nur von aufsen entweder mittels zuverlässiger Sicherheitslampen oder mittels elektrischen Glühlichtes in doppelten, durch ein Drahtnetz geschützten Birnen mit Aufsenschaltung und strenger Isolierung der Leitung erfolgen.

§ 7.

Die Apparatenräume sind geschlossen zu halten, dürfen für andere Zwecke nicht verwendet und von Unbefugten nicht betreten werden. Das Betreten der Räume mit einem Zündkörper (Licht, Laterne, Lampe, brennende Cigarre u. dgl.) ist verboten.

Das Verbot ist an den Thüren der Räume deutlich sichtbar zu machen.

§ 8.

Die Apparatenräume dürfen nicht überwölbt oder mit fester Balkendecke versehen sein und müssen nach aufsen aufschlagbare Thüren besitzen.

§ 9.

Die Entlüftungsvorrichtungen der Apparatenräume und der Apparate müssen durch das Dach derart in das Freie geführt werden, dafs die abziehenden Gase und Dünste nicht in angrenzende geschlossene Räume gelangen oder die Nachbarschaft belästigen können. Das Einleiten von Entlüftungsrohren in Kamine ist verboten.

§ 10.

Die Apparate zur Herstellung und Aufbewahrung von Acetylengas müssen samt ihrer Ausrüstung aus einem gegen

Formveränderung und Durchrosten genügend widerstands-
fähigen Materiale (Schmied-, Walz-, Gußeisen, Stahl) in
fachgemäßer Weise hergestellt sein. Die Verwendung
von Weichlot ist verboten.*)

Entwickler und Gasbehälter müssen voneinander getrennt sein. Zwischen beiden muß eine Wasserabsperrvor-
richtung eingeschaltet sein.

§ 11.

Für die Herstellung von Apparaten und Gasrohrleitungen
ist die Verwendung von reinem Kupfer verboten.

§ 12.

Die Apparate müssen so eingerichtet sein, daß in
denselben kein höherer Druck als ein Überdruck von
1 Atmosphäre und keine höhere Temperatur des
Wassers im Entwickler als 100° Celsius**) entstehen
kann, und müssen Sicherheitsvorrichtungen besitzen, welche
das Auftreten eines höheren Überdrucks und einer höheren
Temperatur ausschließen.

Die Apparate müssen ferner so eingerichtet sein, daß
sie entweder eine vollständige Entlüftung vor der
Inbetriebsetzung gestatten oder das Entweichen des Gas-
luftgemisches so lange ermöglichen, als das entwickelte Gas
mit entleuchteter (blauer) Flamme brennt.

§ 13.

Die Leitungen müssen bis zu einem Überdruck von
$1/2$ Atmosphäre vollkommen dicht sein und so gelegt werden***),
daß sie vor äußerer Verletzung geschützt sind.

---

*) Von einschneidender Bedeutung, da hierdurch alle Spengler-
fabrikate ausgemerzt werden.

**) Sehr zu begrüßen, da Apparate mit höherer Temperatur eine
stetige Explosionsgefahr bildeten.

***) Mit Recht wird hierdurch z. B. das Verlegen der Rohre im
Freien verboten.

§ 14.

Zur Beobachtung des Druckes mufs zwischen dem
Gasapparat und der Gasrohrleitung ein genügend langes,
stets mit Wasser gefülltes und durch einen Hahn abschliefs-
bares Wassermanometer angebracht sein.

§ 15.

Die Acetylenanlagen müssen mit einer gut wirkenden
Reinigungsvorrichtung versehen sein, durch welche
die vorhandenen Verunreinigungen (Phosphorwasserstoff,
Ammoniak u. dergl.) entfernt werden.

§ 16.

Jeder Apparat mufs mit dem Namen der Apparatenbauanstalt versehen sein. Auf jedem Entwicklungsapparat
mufs ein Schild befestigt sein, worauf das Jahr der An-
fertigung des Apparates, die Zahl der Normalflammen (zu
10 Liter in der Stunde), für welche der Apparat gebaut ist,
dann der nutzbare Inhalt des Gasbehälters in Litern ange-
geben sein mufs. Die Zahl der Liter des nutzbaren Inhalts
des Gasbehälters mufs mindestens 25 für je eine Normal-
flamme betragen.

§ 17.

Die Apparatenbauanstalt hat dem Käufer eine genaue
Beschreibung der gelieferten Apparate und eine Anweisung
über die Behandlung der Anlage auszuhändigen. In der
Anweisung müssen insbesondere Verhaltungsmafsregeln hinsichtlich der Sicherheitsbeleuchtung (§ 6, 7) sowie der Ver-
hütung des Einfrierens enthalten sein.

Je ein weiteres Exemplar dieser Anweisung ist durch
den Besitzer der Anlage der Distriktsverwaltungsbehörde
in Vorlage zu bringen und im Apparatenraum an einer in
die Augen fallenden Stelle anzuschlagen.

§ 18.

Die Überwachung und Bedienung der Anlage darf nur durch zuverlässige, mit der Einrichtung und dem Betriebe vertraute Personen erfolgen.

§ 19.

Die Aufbewahrung von Calciumkarbid und anderen durch Wasser zersetzbaren Karbiden darf nur in wasserdicht verschlossenen eisernen Gefäfsen erfolgen. Die Gefäfse müssen mit der deutlich lesbaren Aufschrift versehen sein: »Karbid, gefährlich, wenn nicht trocken gehalten.«

§ 20.

Im Apparatenraum selbst dürfen nicht mehr als 100 kg Karbid für je 100 Normalflammen, jedoch im ganzen nicht mehr als 500 kg aufbewahrt werden. Für Anlagen unter 100 Flammen ist die Bereithaltung eines Vorrates bis zu 100 kg gestattet.

Geöffnete Gefäfse sind mit einem wasserdicht schliefsenden Deckel verdeckt zu halten. Das Öffnen von verlöteten Karbidbüchsen darf nur auf mechanischem Wege, nicht unter Anwendung von Entlötungsapparaten, geschehen.

§ 21.

Die Lagerung von Vorräten an Karbiden hat in gut lüftbaren, trockenen und für sich abgeschlossenen Räumen zu erfolgen. Waren und Stoffe ånderer Art dürfen in diesen Räumen nicht gelagert werden.

Eine künstliche Beleuchtung der Lagerräume darf nur von aufsen entweder mittels zuverlässiger Sicherheitslampen oder mittels elektrischen Glühlichtes in doppelten, durch ein Drahtnetz geschützten Birnen mit Aufsenschaltung und strenger Isolierung der Leitung erfolgen.

Das Betreten der Lagerräume mit einem Zündkörper (Licht, Laterne, Lampe, brennende Cigarre u. dgl.) ist verboten.

Eine allenfallsige Erwärmung der Lagerräume darf nur von aufsen und nur mittels Dampf- oder Heifswasserheizung erfolgen.

Der Eingang zum Lagerraume ist in deutlich sichtbarer Weise mit der Aufschrift zu versehen: »Karbidlager, trocken zu halten! Rauchen und Betreten mit Licht verboten!«

§ 22.

Die Lagergebäude für Karbide in Mengen von mehr als 1000 kg müssen aufserdem einen Fufsboden aus unverbrennlichem Material besitzen, dessen Oberfläche mindestens 20 cm über dem natürlichen Gelände liegt. Der Fufsboden hat gegen das Aufsteigen der Bodenfeuchtigkeit eine Isolierschicht zu erhalten.

Bei Zusammenhang mit anderen Gebäuden sind die Lagergebäude von ersteren durch bauordnungsmäfsige Brandmauern abzuscheiden.

Die Lagerräume dürfen nicht überwölbt oder mit fester Balkendecke versehen sein. Vorhandene Thüren müssen nach aufsen aufschlagen.

§ 23.

Eine vorübergehende Lagerung von Karbid im Freien ist nur auf Umschlagplätzen (Hafenplätzen, Bahnhöfen) gestattet. Die aufgelagerten Karbidgefäfse müssen allseitig gegen Nässe geschützt sein.

§ 24.

Die bei der Herstellung von Acetylengas sich ergebenden ausgebrauchten Karbidrückstände müssen entweder in besondere Kalkgruben oder in Düngergruben gebracht oder auf sonstige gefahrlose Weise beseitigt werden.

§ 25.

Der Vollzug vorstehender Bestimmungen steht den Distriktsverwaltungsbehörden, in München dem Stadtmagistrate, in erster, den Kgl. Kreisregierungen, Kammern des Innern, in zweiter und letzter Instanz zu.

Das Kgl. Staatsministerium des Innern ist ermächtigt, beim Vorliegen ganz besonderer Verhältnisse, soweit es ohne Gefährdung der öffentlichen Sicherheit geschehen kann, Dispensation von einzelnen Bestimmungen gegenwärtiger Verordnung zu erteilen.

§ 26.

Den Gemeinden bleibt vorbehalten, soweit es die örtlichen Verhältnisse erfordern, weitergehende ortspolizeiliche Vorschriften zu erlassen.

§ 27.

Hinsichtlich der Anlagen und Betriebe, welche für den Dienst des Kgl. Hofes, der Landesverteidigung, der staatlichen Werke, Eisenbahnen und Dampfschiffe sowie der sonstigen Staatsanstalten bestimmt sind, richtet sich die Zuständigkeit nach den hierfür jeweils geltenden besonderen Vorschriften.

Die technischen Vorschriften dieser Verordnung finden übrigens auch im Falle des Absatzes I Anwendung, vorbehaltlich derjenigen Ausnahmen, welche für einzelne Anlagen seitens der einschlägigen Staatsministerien bezw. Hofstäbe nach Benehmen mit dem Kgl. Staatsministerium des Innern zugelassen werden.

§ 28.

Die gegenwärtige Verordnung findet keine Anwendung:

1. für wissenschaftliche Institute und Laboratorien, soweit sie Karbid und Acetylen zu Lehr- und Studienzwecken herstellen und verwenden,

2. auf Laboratoriumsversuche der Kgl. Staatseisenbahnverwaltung, dann auf solche Versuche innerhalb der Apparatenbauanstalten für Acetylengas, wenn

diese Versuche von technisch vorgebildeten Personen ausgeführt werden,

3. auf bewegliche Apparate bis zu 1 kg Karbid Füllung, ferner auf bewegliche Apparate, welche ausschliefs-lich im Freien verwendet werden, jedoch in beiden Fällen unbeschadet der Bestimmungen in § 2 und 12, Abs. I,

4. auf Karbidfabriken sowie auf Anlagen, in welchen Acetylen für fremden Bedarf gewerbsmäfsig her-gestellt wird und welche daher nach § 16 der Reichsgewerbeordnung besonderer Genehmigung bedürfen.

§ 29.

Gegenwärtige Verordnung tritt 30 Tage nach ihrer Veröffentlichung durch das Gesetz- und Verordnungsblatt für den ganzen Umfang des Königreichs in Wirksamkeit.

Für die erforderliche Abänderung oder Beseitigung bestehender Anlagen kann seitens der Distriktsverwaltungs-behörden auf Antrag der Beteiligten eine Frist bis zu einem Jahre gewährt werden.